Unsere Zeit – die eine recht dumme Zeit ist – betrachtet die Jagd nicht als eine ernsthafte Angelegenheit. Sie nennt sie eine Zerstreuung oder Ablenkung und setzt – selbstverständlich – voraus, dass dies keine ernsthafte Angelegenheit sei. Obwohl die nüchternste Überlegung uns darauf bringen müsste, dass es auf der Welt ein Geschöpf gibt – den Menschen – das sich zerstreuen muss!

Jose Ortega y Gasset
(1883–1955)

Die Zeit der Jäger geht dem Ende entgegen. Offen bleibt, wie lange sich die Grünröcke noch Reste ihrer Tätigkeit bewahren können.

Horst Hagen
(1984)

Jagd als Flucht aus der Gegenwart. Und das ist es nun, warum Sie jagen. Wenn Sie die ärgerliche Gegenwart satt haben, wenn Sie es müde sind, „ganz 20. Jahrhundert“ zu sein, dann nehmen Sie die Flinte, pfeifen dem Hund, gehen in den Wald und geben sich einfach dem Vergnügen hin, „Steinzeitmensch“ zu sein.

Jose Ortega y Gasset
(1883–1955)

Björn Zedrosser

HOCHSITZE

Ansichten und Einsichten

Österreichischer Jagd- und Fischerei-Verlag

Björn Zedrosser

HOCHSITZE

Ansichten und Einsichten

Österreichischer Jagd- und Fischerei-Verlag

Alle Fotos: Björn Zedrosser

Konzeption Layout: Elis Zedrosser
Umbruch und Detailgestaltung: Monika Schlegel

Leitung Produktion und andere Grobheiten: Dr. Michael Sternath
*iii-prods atasamataim, sixpins upritagain, tryinagettheothathreefixt, gettinboiltinmountain&sincitydesert, 40-50Goofs, preparin ole dollarfite…
Tsuname? – NoGoofNoCry…*

Verlagssekretariat: Angela Pleyel

Repro: Blaupapier, Wien und Ferleiten

Gesamtherstellung: Druckerei Ferdinand Berger & Söhne Ges.m.b.H., Horn

ISBN 978-3-85208-067-3

Inhalt

Einführung und Einstimmung

Mitten im steilen, von Schuttfeldern durchsetzten Südhang des Klausenberges in meiner Heimat suchte ich in den Altholzstreifen nach geeigneten Stangen für meinen ersten Hochsitz. Ich war damals fünfzehn Jahre alt, ein aufgeschossenes schlankes Bürschl voll Tatendrang, und steckte in den jagdlichen Kinderschuhen. Der Platz lag im Revier meines Großvaters, den ich seit meinem achten Lebensjahr immer wieder auf die Jagd begleitete. Sowohl in seinem Äußeren, als auch in seiner vornehmen jagdlichen Bescheidenheit erinnert mich mein früher Lehrmeister heute, im Rückblick, an den alten Kaiser Franz Joseph. Seit einem halben Jahr war ich damals Forstpraktikant in einem herrschaftlichen Betrieb der Umgebung, hatte monatlich nur zwei freie Sonntage, die ich daheim zur Umsetzung meiner jagdlichen Träume nutzte. Einen Hochsitz zu bauen, dort, wo ich ihn haben wollte, war einer davon. Ausschlaggebend für diesen Standort waren wohl die immer wieder abspringenden Gams, manchmal auch ein Feisthirsch, wenn ich am Birschsteig dort vorbeikam. Etwa achtzig Meter oberhalb befand sich eine Geländekante und knapp darüber eine kleine, grün verwachsene, nicht einsehbare Blöße. Genau dort musste er stehen! Zwei mühevolle Tage, ganz allein, und das Werk war fertig. Freilich nicht perfekt, dennoch funktionell ausreichend, eben ein Lehrlingsstück. Mein erster Hochsitz war in gewisser Weise auch als Bauwerk einmalig. Weder ich, noch sonst irgendjemand hat auch nur eine einzige Minute ansitzend darauf verbracht. Inzwischen sind fünfzig Jahre vergangen, manche meiner eigenen Hochsitze wieder verfallen, aber das Thema hat mich ständig begleitet, ja sogar fasziniert. Ich selbst wurde vom Birschjäger meiner Jugendzeit zum leidenschaftlichen Ansitzjäger.

Heute stehen Abertausende Hochsitze mehr oder weniger auffällig in der Kulturlandschaft Mitteleuropas, vorwiegend in Ländern mit Revierjagdsystemen. Es sind auf den Jagdzweck ausgerichtete Bauwerke, die sich seit Jahrzehnten, ähnlich dem Schalenwild, zunehmend verdichten. Nicht weil ich selbst mehrere davon gebaut habe, sondern weil ich den Bau anderer Hochsitze immer neugierig und kritisch verfolgte, begann ich vor rund dreißig Jahren bemerkenswerte Ausfertigungen dieser Spezies zu fotografieren. Zugute kam mir dabei meine Berufsarbeit als Förster in vielen Gemeinde- und Eigenjagdrevieren Kärntens, aber auch zahlreiche Reisen durch Österreich und andere Länder Europas. So entstand nach und nach eine zeitgemäße Auswahl jagdlicher Baukultur, ohne Anspruch auf Vollständigkeit. Zumeist sind es planlose Bauten, abgeschaut, variantenreich abgewandelt, die aber einen gemeinsamen Zweck erkennen lassen: die Hoffnung auf den Jagderfolg. Meine Bilder sollen nicht Bauanleitung sein, sondern zum Nachdenken anregen und auch zum Schmunzeln.

Björn Zedrosser, im Juli 2007

Ob im Berg oder im Tal …

… ob auf vier oder zwei Beinen:
Hochsitze stehen heute überall.

Die Hoffnung auf Anblick – sie lebt in allen Hochsitzen.

Doppeldecker: Der aufstrebende Jungwald verlangte höhere Einsicht.

Hirschjagd …

… und Gamsjagd im späten Mittelalter –
Hochsitze spielten damals keine Rolle.
(aus: „Abenteuer des Theuerdank“)

Jagdgeschichte

Die Geschichte der Jagd ist von der Steinzeit an hinlänglich beschrieben, erforscht und rekonstruiert worden. Wann allerdings die ersten Hochsitze Verwendung fanden, konnte ich nicht genau ermitteln.
So waren die Jäger der Urzeit meist in Horden unterwegs, um mit einfachen Waffen, Fallgruben und anderen Tricks ihre Existenz mühsam zu sichern. Sie mussten nahe an die Beute heran, weil ihre Waffen auf den Nahkampf ausgerichtet waren. Mit Keule und Spieß auf einem Hochsitz zu warten, das klingt wenig Erfolg versprechend. Trotzdem sind Formen der Ansitzjagd in der Steinzeit denkbar, wie etwa das Warten auf Zwangswechseln oder in Schluchten, in Verbindung mit Hunden und Treibern. Jagd war überall frei, Grundbesitz fremd. Bereits im 5. und 6. Jahrhundert, während der Herrschaft der Merowinger, endete dieser paradiesische Zustand. Bei der so genannten Landnahme war das wichtigste Gut das Jagdrecht, die Nutzung „allen Getiers", auch der Fische. Aus dem Gemeingut wurde nach und nach ein Recht nur der besitzenden Klasse. Nach der altgermanischen Rechtsauffassung war das Jagdrecht mit dem Grundbesitz verbunden. Im 9. Jahrhundert, unter Karl dem Großen, kam es zur „Verstaatlichung" der letzten besitzerlosen Flächen, die einfach zum Königsgut erklärt wurden. In diesen Bannforsten durfte niemand jagen oder Holz schlagen. Sogar das geltende Jagdrecht auf Grund und Boden wurde eingeschränkt. Die nachfolgenden deutschen Kaiser folgten dem Beispiel Karls des Großen und schufen Bannforste überall dort, wo es noch keine eindeutigen Besitzrechte gab. Erst über adeligen Druck kam es zu jagdlichen Zugeständnissen gegenüber Landesfürsten und hohen kirchlichen Würdenträgern, und schließlich zur Teilung in Hohe Jagd und Niedere Jagd. Die Hohe Jagd war den höchsten Würdenträgern vorbehalten und umfasste vor allem das Großwild wie Bär, Auerochse, Hirsch und Wildsau; die Niedere Jagd verblieb dem niederen Adel und wenigen Privilegierten. Das Volk war von der Jagd ausgeschlossen, und vor allem die Bauern mussten nicht nur hohe Wildschäden ertragen, sondern zusätzlich noch allerlei jagdliche Frondienste leisten. Die Mächtigen hatten im Verlaufe von gut eintausend Jahren nicht nur alles Land okkupiert, sondern auch die Jagd größtenteils für sich vereinnahmt. Die weit verbreitete Jagdlust in der Oberschicht darf nicht darüber hinwegtäuschen, dass die Ausgeschlossenen ebenso jagen wollten. Jagd war zu allen Zeiten eine begehrte Freizeitbeschäftigung.
Im Mittelalter war die Jagd aus heutiger Sicht brutal, das Tier galt als rechtlose Sache und wurde mitunter rücksichtslos niedergemetzelt. Hochsitze waren bei dieser Form der Jagdausübung überflüssig. Es wurde vornehmlich mit dem Pferd gejagt, das Wild mit Hunden gehetzt, zu Pferd verfolgt und mit Spießen getötet. Die Jagd diente auch der Kampf-

erprobung, sie trug durchaus kriegerische Züge. Trotzdem gab es bereits Regeln und eine zeitgemäße Weidgerechtigkeit, deren ständige Verfeinerung in der Barockzeit den Höhepunkt an höfischer Belustigung und Grausamkeit erreichte. Mittelalterliche Hetzjagden haben sich in verschiedener Form bis zum Ende des 19. Jahrhunderts erhalten. Bei dem „eingestellten Jagen" etwa sind Hunderte Wildtiere in eingezäunte Areale getrieben und sogar vor den Augen holder Weiblichkeit abgeschlachtet worden. Auf alten Gemälden erkennt man bereits Vorläufer heutiger Hochsitze: feudale Tribünen, überdacht, auf denen nicht nur die Schützen, sondern auch große Mengen von Zusehern Platz fanden! Die Armbrust als ab dem 14. Jahrhundert taugliche Schusswaffe erlaubte das Töten auf Entfernung. Damit wäre die Ansitzjagd vom Hochsitz aus bereits möglich gewesen. Den Rittern des Spätmittelalters wäre diese Methode wohl zu langweilig geworden. Für stilleres Vergnügen gab es die Beizjagd.

In England und Frankreich hat sich die Jagd zu Pferd mit Hundemeuten bis in unsere Zeit erhalten. Genau betrachtet, sind manche Formen heutiger Treibjagden die letzten Ausläufer feudaler Jagdsitten. Allzu menschlich ist dabei die Lust auf Beute, auf viel Beute. Das jagende Tier ist genügsamer, es will nur satt werden.

Über eintausend Jahre musste der „kleine Mann" den Jagdfreuden entsagen. Erst im Revolutionsjahr 1848 endete die Feudaljagd. Alle Frondienste wurden abgeschafft und, wie einst bei den Germanen, sind Jagdrecht und Grundbesitz wieder zusammengeführt worden. Die jagdlich ausgehungerten Bürger und Bauern stürzten sich gierig ins Geschehen. Manch ein Besorgter sah das nahe Ende der Jagd gekommen. Lange achtzig Jahre vergingen noch bis zum Reichsjagdgesetz 1934, das dem Jäger ein umfassendes Regelwerk vorgab. Vieles davon ist noch heute Grundlage der Jagdgesetze in Deutschland und Österreich. Die Revolution des Jahres 1848 hatte allerdings die Charakteristik der Jagd umgedreht. Statt weniger rücksichtsloser Vielbeuter jagen jetzt viele Wenigbeuter, die dazu angehalten sind, ihre Auswahl nach diffizilen Kriterien zu treffen.

Ansitzjagd

Nicht nur von Außenstehenden wird die Ansitzjagd öfters etwas abwertend als bequem und unweidmännisch bezeichnet. Wohl deshalb, weil „jagen“ zu wörtlich als „nachjagen“ verstanden wird, was ja früher tatsächlich und häufig der Fall war. Ansitzjagd aber ist so alt wie die Jagd selbst. Die ersten ausgiebigen Ansitzjäger waren Vogelfänger. Ihre Methode ist von den Spinnen abgeschaut: Netze, Fäden und der im Versteck lauernde Jäger. Über Jahrhunderte war der Vogelfang eine äußerst beliebte Form der Jagdausübung, beim gemeinen Volk genauso wie bei den höchsten Würdenträgern.

Vermutlich von den Römern nach Mitteleuropa gebracht, galt der Ansitz am Vogelherd oder bei der Meisenhütte als beliebter Zeitvertreib. Bis in unsere Tage wurden und werden Singvögel aller Art gejagt und verspeist. Auf einer Bergwanderung in meiner Jugend in den Karnischen Alpen Oberitaliens weckten volle Jutesäcke vor einer Hütte unsere Aufmerksamkeit und Empörung: Sie waren gefüllt mit Hunderten toten Singvögeln. Auf einer Frühjahrswanderung über die Mittelmeerinsel Malta, um das Jahr 1995, stolperte ich unentwegt über solche Vogelherde. Einige waren bestückt mit Fangnetzen

Vogelherd in Malta – die Vogeljäger waren die ersten ausgiebigen Ansitzjäger.

unterschiedlicher Größe, besetzt mit Lockvögeln und Vogelfängern, genau so, wie in Schilderungen aus dem 16. Jahrhundert dargelegt. Dem nicht genug, war die gesamte unverbaute Südküste von Malta übersät mit leeren Patronenhülsen, stumme Zeugen einer hemmungslosen Vogeljagd in unserer Zeit.

Was ist ein Vogelherd? Keine Einrichtung zum Heizen oder Kochen, sondern zum Vogelfang. Er besteht aus einer eingeebneten Fläche, meist auf einem Hügel im Wald oder auf Weideflächen, umgeben von niederem Bewuchs. Daneben steht ein Häuschen (Hütte) aus Stein oder Holz, in dem der Vogler wartet, bis genügend Vögel auf dem Herd („Herd" = „Erde", „Boden") landen, um dann mit einem raschen Zug an den Leinen die Netze zu schließen. Durch Zusammendrücken der Köpfe wurden sie einst getötet. Mittels Lockvögeln und Futter werden die Vögel zur Landung verführt. Eine Kombination aus Lock-, Kirr- und Fallenjagd mit Netz, zwar nicht vom Hochsitz aus, aber eben aus dem Versteck, aus der Hütte. Über Jahrhunderte war Vogelfang die einzige Jagdmöglichkeit des kleinen Mannes. Die Jagd auf die größeren Wildtiere war ja den Mächtigen vorbehalten. Hauptsaison am Vogelherd war die Zeit des Zuges im Frühjahr und Herbst. Klagen von Kirchenvätern aus Nürnberg im 16. Jahrhundert, wonach die Leute in ihren Meisenhütten sitzen, anstatt die heilige Messe zu besuchen, führten sogar zum Fangverbot an Sonntagen. Wie Hochsitze, sind auch Vogelherde sehr unterschiedlich, was den Jagderfolg betrifft. Aus der Überlieferung eines Nürnberger Patriziers ist bekannt, dass der seinerzeitige Mesner von Sankt Sebald einer der erfolgreichsten Vogler war. Allein am 4. Oktober des Jahres 1611 fing er 1.122 Heide-

Leere Schrotpatronen, stumme Zeugen hemmungsloser Vogeljagd auf Malta.

Den großen Schwärmen im Herbst galt die Aufmerksamkeit der Vogelfänger. Bevorzugt waren Drosseln und Stare.

lerchen. Von zwei Männern wurde der Fang zum Nürnberger Markt getragen. Je fünf Lerchen auf einen Spieß gesteckt brachten 10 Kreuzer und 3 Batzen, eine Menge Kleingeld für einen Tag. Auch an den folgenden Tagen gingen ihm Hunderte Lerchen ins Netz.

Noch im 19. Jahrhundert war der Vogelfang weit über Österreich und Bayern hinaus verbreitet, aber nicht alle Gefangenen landeten in den Kochtöpfen. In vielen Bergtälern war einfach die Käfighaltung von Singvögeln überaus beliebt. Trotz erlassener Schutzbestimmungen dauerte es viele Jahre, ehe der weit verbreitete Fang von Singvögeln aufgegeben wurde. Manche Begriffe und Ausdrücke der Vogelfänger sind bis heute im Sprachgebrauch, wie zum Beispiel „auf den Leim bzw. ins Garn oder ins Netz gehen". Auch der „Lockvogel" gehört dazu. Sprichwörtlich ist auch das Bild von jener Person, bei der „die Fäden zusammenlaufen".

Es besteht kein Zweifel, dass der Vogelfang die am häufigsten ausgeübte Form der Ansitzjagd vor unserer Zeit war. Auf Schalenwild ist sie jetzt wieder unverzichtbar geworden, denn sie ermöglicht ein sicheres Ansprechen und den genauen Schuss.

Unzählige Hochsitze in allen Variationen sind daher in den letzten Jahrzehnten gebaut worden. Ein paar Beispiele auf den folgenden Seiten zeigen, wie unterschiedlich die Bauwerke sind, aus denen heute die Ansitzjagd ausgeübt wird.

Aufgelassene Voglerhütte in Istrien, Kroatien.

Im hohen Getreide wird die Ansitzjagd sehr oft zum Geduldspiel: Einmal ein Rehhaupt hier, dann ein roter Fleck dort, oft auch nur ein rätselhaftes Wacheln der Halme.

Auch das gibt es: Stahlrohre und Wellpappe – allerdings nicht jedermanns Sache.

Mitten im Kahlschlag. Wäre nicht doch am Rand besser gewesen?

Des einen Freud, des anderen Leid …

Ansitz mit Nachhilfe.

Der Hochsitz als Wohnstube.

Hinter-Glas-Jägerei.

Ein altes Prinzip des Ansitzjägers: gut versteckt.

Anfängersitze

Aller Anfang ist schwer. Und so gerät mancher Erstlingshochsitz zu einem Bauwerk mit unterschiedlicher Wirkung: Was den Jüngeren mit Stolz erfüllen mag, wird dem Älteren vielleicht nur ein müdes Lächeln entlocken…

Keine Frage: Handwerkliche Schwächen verraten das Werk des Anfängers.

Irgendwie windschief.

Nicht unbedingt zur Freude der Holzverwerter.

Unvollendet oder halb verfallen?

Seit wann und wozu?

Versteckt, möglichst aus dem Wind, halbwegs bequem und mit gutem Überblick auf das Wild warten zu können, um dann auch einen sicheren Schuss abzugeben, das sind die Hauptmotive für den Bau einer jagdlichen Ansitzeinrichtung. Von einfachen verblendeten Bodensitzen (Ansitzschirmen), über Ansitzleitern bis zu himmelstrebenden Bauwerken, freistehend oder an Bäumen befestigt, filigran oder massiv, reicht ihr Spektrum. Im Feldrevier bleiben ihre Standorte in der Regel langfristig aktuell, während im Wald die Vegetation oft nach nur wenigen Jahren einen Standortwechsel erzwingt.

Eine unbedeutende Rolle spielten die Hoch*stände*. Der An*stand* war eine Jagdmethode neben Birsch und Ansitz. Zur besseren Übersicht im Schilf, wie auch zur Sicherheit der Schützen bei Treibjagden auf Schwarzwild, dienten Hochstände. Aber wer steht schon gerne, wo er auch sitzen kann? Hochsitze gab es vereinzelt bereits vor 1934, ebenso die ersten Ansitzjäger auf Schalenwild. Der prominenteste unter ihnen war in Österreich Kaiser Franz Joseph I. Jedoch war die Jagd vom Hochsitz aus nicht jedermanns Sache. So fand es mancher Adelige anfangs unter seiner Würde, vom Hochsitz aus ein

Hochsitz in der Feldflur – heute ein gewohnter Anblick.

Bei hohem Gras oder Getreide bietet der Einblick von oben große Vorteile
und mehr Sicherheit beim Schuss.

Stück Wild zu erlegen. Aus der Jagdgeschichte des Hauses Hessen-Darmstadt erfahren wir, dass es bis zum Jahre 1918 keine Hochsitze gab. In der Ebene dominierte der Jagdwagen, im Gebirge die Birsch. Zum durchschlagenden Erfolg des Hochsitzes führte erst das Reichsjagdgesetz 1934. Seit damals ist das genaue Ansprechen des Wildes nach Trophäe und Körperbau die Voraussetzung für weidgerechtes Jagen. IIa oder IIb?, war die Frage. Vier oder fünf Jahre alt? Darauf gilt es, vor dem Schuss eine rasche Antwort zu finden. Auf flüchtiges Wild, etwa bei Treibjagden, ist das schwierig. Beim Ansitz geht das schon eher, denn vertrautes Wild verhält sich ruhig. Aber nicht nur sicheres Ansprechen, auch das Schießen auf größere Entfernungen ist ohne Gewehrauflage nur eine halbe Sache. Ansitzjagd bietet einfach die besten Voraussetzungen für den heute geforderten Wahlabschuss.
Daher sind Hochsitze durchaus weidgerecht. Sie mindern auch nicht die unverwechselbare Spannung, die Jagd hervorruft, gleichgültig wann und wo. Bereits beim Bau eines neuen Hochsitzes erlebe ich das Gefühl hoffnungsvoller Erwartung: Was da wohl alles vorbeischleichen wird? Und manchmal folgt wenige Stunden nach dem letzten Nagel bereits der erste spannende Ansitz.

Hochsitze haben sich überall rasch durchgesetzt. Hochstände hingegen wurden nur kurze Zeit vor dem Durchbruch der Ansitzjagd verwendet.

Die Birke als Hochsitzbaum verlangt eine zarte Bauweise.

Hochsitze können unauffällig ihren Zweck erfüllen …

… oder auffällig.

Aufwand und Bauweise erlauben oft Rückschlüsse auf den Jagdherrn.

Nicht immer erfolgt die Wahl des Platzes für einen Hochsitz nach klaren Überlegungen.

Immer enger wird es im Wald und auf der Heide …

Gamsjagd ist klassische Birschjagd. Heute verbreiten sich jedoch Hochsitze und Ansitzhütten auch schon in den Gamsrevieren.

Waldränder und Wegkreuzungen sind immer aussichtsreiche Plätze.

Hochsitz auf einer Felskuppe.

Abgewittert und angepasst: Er steht schon lange.

Baumhäuser und Kisten

Hochsitz oder Jagd-Container? Rundherum geschlossen, Fenster als Schusslücken, daneben Tisch und Bett. Sinnentleerte Jagd oder Erholung pur?

„Was für eine verteufelte Beschäftigung ist denn eigentlich die Jagd?", fragt Ortega y Gasset in seiner Abhandlung „Über die Jagd". Für den Menschen, so meint er, ist eine der Voraussetzungen für die Jagd, dass er sich in seinem Verhalten dem Tier, seiner Beute, annähere. Wenn wir unsere jagdlichen Konkurrenten in der Natur ansehen, müssen wir feststellen, dass sie nicht in ihrer Schlafhöhle liegend, womöglich Karten spielend, auf vorüberkommende Beute warten, sondern sich hinausbegeben ins Feld, ins Jagdrevier. Dort wird dann gehetzt, geschlichen oder gelauert, je nach Vermögen. Vergleichbar dem verborgenen Luchs auf der Astgabel, wartet auch der Ansitzjäger auf das vorbeikommende Reh.

Jagd, denke ich, kann aber nur dann Jagd sein, wenn alle Sinne empfangsbereit sind. Die geschlossene Kanzel verwehrt das. Immer wieder haben Jäger versucht, ihre Chancen gegenüber dem Wild zu verbessern, Stichwort „Scheinwerfer“ oder „Autojagd“. Viele dieser Errungenschaften sind bald wieder verboten worden, mancherorts auch die geschlossenen Kanzeln. Weidgerechtigkeit verlangt auch die laufende Kontrolle neuer Jagdtechnik.

Moderne Ansitzhütte. Sie repräsentiert gewissermaßen den scheinbaren Fortschritt, der nur auf die Bequemlichkeit des Jägers zugeschnitten ist.

Klassische Hochsitzlektüre: Holzsignaturen.

Winddicht, ja sogar mit Heizung sind manche Hochsitze ausgestattet.
Ihr jagdlicher Wert ist zu hinterfragen, auch wenn der Anblick gut sein mag.

Zweistöckiges Baumhaus – Kinderspielplatz oder Jagdeinrichtung?

Hochsitz mit Lagerraum? Oder Schlafkoje?

Baumhaus als Kunstobjekt in einem Schlosspark.

Holzkiste vor dunkler Zirbenwand. Aus dem Flachland kommend, haben sich geschlossene Kanzeln bis in die Alpinregion verbreitet. Mit Brettern verkleidet, springen sie einem förmlich ins Auge.

Auch hier:
Das Wort „Kiste“ trifft den Nagel auf den Kopf.

Bockkäfer.

Offene Kiste.

Feldkiste.

Obstkiste.

Baumhaus für Schwindelfreie.

Landschaftsdominierende Kisten.

Ansitzkiste über den Wolken.

Mit Balkon und Heizung.

Puppenhaus.

Hochsitze und Landschaft

Was Jäger der mitteleuropäischen Landschaft an jagdlicher Architektur zumuten, ist meist auffällig und übersteigt nicht selten sogar die Toleranzgrenzen wohlmeinender Zeitgenossen. Lehrbücher sind voll mit langen Abhandlungen über Materialien und landschaftsgerechte Bauweise, aber davon ist in vielen Revieren nur sehr wenig zu bemerken. Auch die Jagd- und Naturschutzgesetze haben sich mit dem Hochsitzbau befasst. In vorherigen Kapiteln dieses Buches gezeigte Beispiele belegen es: Die früher nur im Flachland verwendeten geschlossenen Kanzeln sind inzwischen bis in die Alpinregion hinauf vorgedrungen, und auf Kahlschlägen trifft man freistehende Hochsitze, obwohl diese weit besser am Bestandesrand positioniert wären. Die Zweckmäßigkeit reibt sich am Protz mancher Kreationen. Einige erinnern an bedrohliche Wachtürme vergangener Zeiten. Für wen soll ein Hochsitz auffällig sein? Steht das nicht im krassen Gegensatz zum Wesen der Jagd?

Allen Anforderungen zu entsprechen, ist schwer, am wenigsten kann dies ein Hochsitz, denn jeder Jäger ist sein eigener Planer und Bauherr. Und nicht alle beherrschen ihr Handwerk. Rechtliche Rahmenbedingungen sind oft das Produkt einer starken Jägerlobby.

Hochsitz für Jäger oder Fluglotsen.

Die häufige Änderung der gesetzlichen Hochsitz-Bestimmungen verrät auch die Unsicherheit in dieser Frage. Bezogen auf das Bundesland, in dem ich jage: Einmal sind geschlossene Kanzeln hier verboten, dann wieder nicht; denn man könne ohne Kanzel das Schwarzwild nicht erfolgreich bejagen, wurde argumentiert.

Geschlossen oder nicht geschlossen, ist für das Landschaftsbild zweitrangig. Ein guter Hochsitz sollte für den ersten Blick unsichtbar sein. Nur wenige genügen diesem Anspruch.

Auffallend ist auch, dass Hochsitze, je weiter abseits der Berge, desto mehr Einheitlichkeit zeigen. Es sind häufig frei stehende Kanzeln unterschiedlicher Größe, mit oder ohne Plattform, mit einfachen oder doppelten Leitern, fast wie genormte Typen. Die Hochsitzdichte hat, ähnlich dem Schalenwild, stark zugenommen. In den städtischen Ballungsräumen stehen sie oft bedroht unter Brücken, Elektroleitungen und anderen Bauwerken.

Hingegen vielfältig und variabel, manchmal sogar überflüssig, haben die Bergjäger ihre Reviere mit Hochsitzen ausgestattet. Formenreiche, nicht immer vollendete Typen sind es, von wahren Baumkisten bis hin zu phantasievollen, ja sogar kühnen Leitergerüsten. Einen fand ich, Schwindel erregend, oben in einer Eschenkrone, und hege Zweifel, ob er jemals benützt worden ist. Trotz der vielfältigen Formen, der weiten Verbreitung in Europa, verbindet alle Hochsitze eines: Ihr Standort ist irgendwann einmal von einem Jäger erträumt worden …

Tier mit Kalb, unterwegs in den Tageseinstand.

Landschaftsverschandelung – in solcher Umgebung (Schneezäune gegen Lawinen) fällt aber der jagdliche Beitrag zur Verschandelung nicht mehr so sehr ins Gewicht.

Ansitzhütte, aufgesetzt auf dem Dach eines alten Almstalles.

„Almhütten" – sie stören das Landschaftsbild.

Ein energiegeladener Jagdplatz.

Nicht gerade eine ästhetische Meisterleistung.

Ansitz-Container im Bergrevier.

„Grantn".

Im Hintergrund Harmonie, vorne Dissonanz: typischer Flachlandhochsitz im Almrevier.

Im Zuwachsen begriffen – Bepflanzung kann vieles verbessern.

Vermutlich von Wanderern zum „EU-Norm-Hochstand" zertifiziert.

Burgsitz.

Hochsitz „Zur langen Leitung“.

Dem lichten Gehölz entsprechend.

Freistehende Hochsitze sollten sich auf das baumlose Flachland beschränken.

Angriff der Schilfmänner.

Weingartensitz.

Erst das Laub wird ihn verdecken.

Einsamer Wachturm im Ackerland …

Feldspuren.

Duell im Nebel.

Wachturm an der Wegkreuzung.

Nicht immer ist anders auch besser.

Am Jungmaiß.

Hochsitz als Teil des Schachbretts.

Vorm wogenden Halmenmeer.

Am Eck, aber nicht im Eck.

Nicht zu übersehen: gegen den Horizont.

**Ansitzleiter, eine sparsame Alternative –
wie auch der einfache Hochsitz auf der folgenden Seite.**

Rekordverdächtig

Hohe Leitern, schwindlige Höhen – auch extreme Hochsitze sind gelegentlich anzutreffen. Was immer die Motive sind, sich in derartige Bereiche vorzuwagen, es stecken mutige Kerle dahinter. Und Mut ist eine Sache, die – mit wenigen Ausnahmen im Gebirge – heute bei der Jagd kaum noch erforderlich ist.

Mut oder Übermut?

Unvollendet, aber luftig in einer Eschenkrone schwebend über dem Kahlschlag.
Hat den Jäger der Mut verlassen?

Mit 43 Sprossen führt diese Leiter in Schwindel erregende Höhe.

Luxusausführung.

Baumhaus der Extraklasse: Schalungselemente und Verbundfenster verraten den Baumeister als Jagdherrn.

Beim Hochsitzbau liegen „hoch“ und „geschlossen“ im Trend.
Ganz im Gegensatz zur Mode.

Spitzen-Aussicht!

Moderne Jagd: Der Wohnwagen unter dem Hochsitz hat sich aber nicht durchgesetzt.

Exponiert, getarnt und angeseilt.

Mobile Ansitzhütte als Pkw-Anhänger.

Jagd und Mobilität

In der zweiten Hälfte des 20. Jahrhunderts erreichte die Vollmotorisierung auch die hintersten Gebirgsregionen. Für Jagdsteige zwischen den Forststraßen war kein Platz mehr, und Birschen auf einer Schotterstraße ist mehr laut als lustig. Außerdem fehlt dort jegliche Deckung, so dass sich der Jäger geradezu auf dem Präsentierteller bewegen müsste. Der Zeitgewinn wurde in die Ansitzjagd verlagert.

Ein Jäger ohne Auto ist heute so wenig vorstellbar, wie eine Jagd ohne Hochsitz. Das Auto bietet allen Freizeitsportlern die Möglichkeit, in kürzester Zeit draußen zu sein. Es hat aus vielen Wochenend-Jägern Alltags-Jäger gemacht. In der Tat nutzen zahlreiche Grünröcke ihre Geländefahrzeuge, um möglichst nahe an die Hochsitzleitern zu gelangen. Ich gestehe, dass meine Hochsitze bevorzugt neben Forststraßen stehen, nicht, um mit dem Auto die erste Leitersprosse zu erlangen, sondern weil im Wald- und Feldrevier überall Straßen sind, und diese oft gute Möglichkeiten bieten. Weshalb das Gelände außerhalb beunruhigen? Die letzten drei meiner Hochsitze entstanden solo, das heißt nur mit Hilfe des Autos beim Aufstellen der Steher und Leiterstangen. Bei der Jagd selbst ist mir Blech als Anblick hingegen entbehrlich. Wie ruhig und besinnlich, von der Hütte weg zu Fuß zu gehen und diesmal vielleicht doch den richtigen Hochsitz anzusteuern.

Es ist aber durchaus nicht nur Bequemlichkeit, die dem Jäger unterstellt wird, wenn er sein Auto zur Fahrt ins Revier benützt. Wildlebende Vögel und Tiere stört nämlich ein Pferdewagen oder ein Auto viel weniger als der umherstreifende Mensch. Warum also nicht das Angenehme mit dem Nützlichen verbinden? Und schließlich gibt es bereits Hochsitze auf Rädern, die mit dem Auto überstellt werden können. Den ersten und einzigen Autohochsitz, bestehend aus einem alten VW-Käfer, hochgehievt in eine mächtige Baumkrone, habe ich bereits vor mehr als 35 Jahren gesehen. Er musste rasch wieder entfernt werden, wegen Erregung öffentlichen Ärgernisses, noch bevor ich ihn abbilden konnte.

Jäger im Anflug?

Hochsitz mit Bahnanschluss.

Rehe sind anpassungsfähig, aber die Bejagung zwischen Siedlungen, Straßen und Bahnlinien wird immer schwieriger.

„Leere“ Landschaften werden seltener.
In den Revieren tauchen immer wieder neue Elemente auf: Am Boden …

… aber auch in der Luft.

Nur keinen Schritt zu Fuß!

Versteckt und einfach

„Versteckt und einfach“ – das sollte die Leitlinie beim Bau eines Hochsitzes sein. Auffällig mit großartigen Hochsitzen „möblierte“ Reviere pervertieren die Jagd und erregen – verständlicherweise – Unmut. Unauffällig in die Landschaft eingepasst, oftmals von Uneingeweihten kaum zu erkennen, so sollte es sein.

Versteckt und einfach – das sollte die Leitlinie beim Bau eines Hochsitzes sein.

Gut getarnt.

Der Minimalist.

Ruinen-Aufsatz.

Im Geäst.

Sichtbehinderung – vom Jungwald eingeschlossen.

Kaum sichtbar.

Zwei Unauffällige.

Eingeklemmt.

Die Schirmfichte als Versteck.

Nur die Leiter ist sichtbar.

Vom Blitz getroffen.

Auch versteckt: der Frauenschuh.

Auffallend protzig, aber in reizvoller Landschaft.

Weidenröschen.

Platzhirsche

Jäger waren lange Zeit Alleinherrscher im Revier. Heute aber suchen immer mehr Menschen Erholung und Entspannung in Gottes freier Natur. Ob als Wanderer, Bergsteiger, Schwammerlsucher, Botaniker oder als Vertreter einer der alljährlich neu auftauchenden Trendsportarten, ist einerlei. Sie alle kommen dem Jäger irgendwie „ins Gehege", der sich als Platzhirsch wähnt. Was wäre wohl, wenn all die vielen, die längst mit anderen Naturerlebnissen zufrieden sind, auch noch jagen wollten? Selbst habe ich auch schon manchen Wanderer „verwünscht", der plötzlich anstelle des erwarteten Wildes auftauchte und meine Hoffnungen zerstörte. Nur ein einziges Mal, bei Hunderten von Hochsitz-Attacken mit meiner Kamera, wurde ich selbst zum Verwünschten.

Auf einer Wanderung in den Nockbergen erspähte ich, gut hundert Meter abseits des Weges, eine helle Kiste, vor dunklem Zirbengrün, mit schmalem Sichtschlitz. Der würde noch in meine Sammlung passen! Es war Anfang August, mitten an einem trüben Vormittag. Völlig arglos ging ich näher, querfeldein, die beste Perspektive überlegend, mit schussbereiter Kamera. Als ich zum zweiten Bild ansetzte, da war die Grenze plötzlich überschritten. Er fuhr heraus, so wie der Platzhirsch gegen seinen Widersacher, und eine Schimpftirade brach von oben über mich herein. Der Herr Kollege auf dem Hochsitz, den ich weder gesehen noch um diese Zeit vermutet hatte, war fuchsteufelswild, und ich verstand ihn wohl. Kampflos suchte ich das Weite, ohne Diskussion. Kein Einzelfall im 21. Jahrhundert. Auf meinen Streifzügen durch die Jagdgeschichte Europas las ich von einem Fürsten, der mit der Armbrust einen Mann niederstreckte, nur weil er in sein Schussfeld gekommen war.

Der Jäger hat jetzt Konkurrenten im Revier. Gerade er müsste dafür Verständnis aufbringen, dass auch andere Menschen die Natur genießen wollen. Als „Platzhirsch" sollte er bedenken, dass er selbst über Jahrhunderte hindurch von Stärkeren vertrieben und von seiner Lieblingsbeschäftigung, der Jagd, ausgeschlossen war. Natur ist auch Allgemeingut, nicht nur Privateigentum.

Platzhirsche.

Urige

Auch wenn sie selten werden – es gibt sie noch: die urigen Typen, die Verschrobenen, die Einmaligen, die Originale. Sie sind die Liebenswertesten unter allen, nicht nur bei den Menschen, sondern genauso bei den Hochsitzen.

Wäre originell – aber als Ansitzkonsole wohl zu schwach.

Urige Typen.

Eine knorrige Lärchenpersönlichkeit.

Vor der Renovierung.

Hineingeschmiegt in die urige Baumgestalt am Rande der Almweide.

Felsenkanzel.

Alpenmannstreu.

Hochsitz am Tannenstumpf.

Ein Stämmiger.

Antennenkanzel.

Gewachsener Baumsitz.

Lichtung im Almwald.

Dieser Dreifache hat wohl schon Generationen von Jägern überlebt.

Tradition

Jagd war zu allen Zeiten von Traditionen geprägt, und Neues stieß grundsätzlich zuerst auf Ablehnung, gleichgültig ob es um Waffen, Jagdmethoden, Hochsitze oder um Erkenntnisse der Wildtierforschung ging. Die Armbrust war bereits im 11. Jahrhundert bekannt. Als Jagdwaffe wurde sie vorerst durch eine päpstliche Verfügung verboten, denn sie galt als heimtückisch und war nur im Krieg oder gegen Heiden zugelassen. Später wurde sie die wirkungsvollste Jagdwaffe.

Als im 13. Jahrhundert das Schwarzpulver in Europa Verbreitung fand, entstanden nach und nach Feuerwaffen. Auch wenn die ersten Gewehre der Armbrust noch unterlegen waren, die technische Entwicklung machte rasche Fortschritte. Aber noch im 16. Jahrhundert lehnten viele Jäger die modernen Schusswaffen mit dem Argument ab, damit könne jedes Kind einen Hirsch schießen. Genau so verhielt es sich im 20. Jahrhundert beim Zielfernrohr oder bei der Einführung moderner

Zu Anfang wurde die Weidgerechtigkeit der Jagd vom Hochsitz aus in Frage gestellt.

Kaliber und Geschosse. Mit ähnlich großer Skepsis werden heute neue Erkenntnisse der Wildtierforschung aufgenommen. Viele Jäger sträuben sich aus tiefer Überzeugung gegen den Abschuss von Geißen und Kitzen, war es doch über Jahrzehnte verpönt „Mütter und Kinder" zu erlegen. Dagegen beherrschen noch immer manche „erfahrenen" Weidmänner die Altersansprache beim Rehbock nach überlieferten Merkmalen, obwohl diese Unmöglichkeit längst praktisch bewiesen ist. Letztes Jahr erzählte mir ein Jungjäger, wie er männliche und weibliche Hirsche nach der Losung unterscheiden könne. Meine Neugier wuchs, denn auch diese alte Jägerweisheit ist schon lange widerlegt. Beim Vorbereitungskurs für die Jungjägerprüfung habe er dies gelernt. Vieles bei der Jagd entspringt der Tradition und nicht der eigenen Erfahrung. Misstrauen ist ein Gebot der Vorsicht und deshalb jagdliche Tradition. Selbst der Hochsitz erzeugte bei manchen Jägern Skepsis, sogar die Weidgerechtigkeit dieser Form der Ansitzjagd wurde anfangs von Einigen in Frage gestellt.

Überm Wipfelwald.

In wenigen Jahrzehnten hat sich die Hochsitzjagd durchgesetzt.
Heute stehen Hochsitze auch auf Plätzen, wo gar keine notwendig sind.

Weingartenkiste.

Ein gut gewählter Platz.

Frei im Bestand – fast provokant.

Nebeltürme.

Allein auf weiter Flur.

Elchstand.

Zweibein im Ackerland.

Neuer Kahlschlag – neuer Hochsitz. Nach zwanzig Jahren hat sich die Bauweise verändert.

Ziemlich unberührt.

Für den Winterfuchs.

Im Gehölzsaum gut versteckt.

Lindenleiter.

Lärchenkiste.

Nahe der Baumgrenze.

Ziemlich geradlinig.

Bunter Anblick

Blühende Bäume, bunte Wiesen oder die herbstliche Farbenpracht im Revier lassen so manches Jägerherz höher schlagen – auch ohne Beute.

Die letzten Seiten dieses Buches sind den Farben, den Stimmungen und der Schönheit unserer Reviere gewidmet – einfach zum Schauen …

Ausklang

Wir befinden uns mitten im Zeitalter der Hochsitzjagd. Gute Gründe für den Bau dieser Jagdeinrichtungen habe ich dargelegt. Hochsitze haben Schritt für Schritt die Reviere erobert und sind heute unverzichtbar für die Jagd in großen Teilen Mitteleuropas geworden. Genau so, wie sie gekommen sind, werden sie womöglich eines Tages wieder verschwunden sein. Ein Blick auf die Hetzjagd zeigt, dass diese nach ihrem Höhepunkt in der Barockzeit, bald nach der Revolution von 1848, rasch zu Ende ging. Trotzdem haben sich Formen dieser ehemals „edlen und weidgerechten Jagdart“ bis in unsere Tage erhalten. Die räumliche Verbreitung „unserer“ Hochsitze hat bereits den Polarkreis überschritten. Im Sommer 2004 fand ich einen neuen Hochsitz in Lappland. „Unsere“ Hochsitze meine ich deshalb, weil ihr Ursprung irgendwo in Mitteleuropa anzusiedeln ist. Ganz bewusst habe ich bei den Fotos auf geografische Hinweise verzichtet. Sie stammen aus zehn verschiedenen Ländern Europas: Deutschland, Frankreich, Italien, Litauen, Österreich, Polen, Schweden, Slowenien, Tschechien und Ungarn. Hochsitze sind nach Regionen nicht zu unterscheiden. Offenbar vereint hier der Zweck die Mittel, selbst wenn einzelne Übertreibungen vorkommen. Was immer sich Jäger von hohen, dichten Kanzeln erhoffen, ihre Wirkung wird überschätzt. Wenn der Wind und das Glück nicht mitspielen, ist bei der Jagd ohnehin alles umsonst. Hochsitze sollten daher auch Orte zum Träumen, Reflektieren und Nachdenken bleiben, allerdings mit wachen Sinnen …

Literatur

BÄTZING, W. (1991): Die Alpen, Verlag Beck.

BAYERN, A. v. (1981): Über Rehe in einem steirischen Gebirgsrevier, BLV Verlag.

BERGMILLER, F. (1921): Diezel C. E., Erfahrungen aus dem Gebiet der Niederjagd, Frankh'sche Verlagshandlung.

BÖHM, E. (1964): Waidwerk im alten Österreich, aus: Jagd in Österreich, Verlag Fürlinger.

FREVERT, W. (1967): Rominten, BLV Verlag.

Friedell, E. (1927-1932): Kulturgeschichte der Neuzeit, Auflage 1969, Verlag Beck.

FUSCHLBERGER-SCHLADMING, H. (1911): Gemse, aus: Die Hohe Jagd, Verlag Parey.

GAGERN, F. v. (1967): Birschen und Böcke, Verlag Parey.

GOSSOW, H. (1976): Wildökologie, BLV Verlag.

HAGEN, H. (1984): Wie edel ist das Waidwerk?, Ullstein Sachbuch, 1984.

HAMBERGER, J. (2004): Von Hirschen und Menschen, LWF aktuell, 44/2004.

HESPELER, B. (1996): Rehwild heute, BLV Verlag.

JAGDLEXIKON (1987): BLV Verlag.

KALCHREUTER, H. (1980): Die Sache mit der Jagd, Fischer Taschenbuchverlag.

KATHAN, B. (1999): Wachtürme an der Grenze zur Wildnis, Wiener Zeitung, 5. 3. 1999.

KRAMER, H. (1963): Elchwald, BLV Verlag.

MÜLLER, W.-E. (1988): Zur Geschichte der Rehwildjagd, Verein zum Schutz der Bergwelt, Jahrbuch 1988/53. Jahrgang.

NIEDERWOLFSGRUBER, F. (1979): Kaiser Maximilians I. Jagd- und Fischereibücher, Pinguin Verlag.

NORDENFLYCHT-LÖDDERITZ, FRHR. v. (1911): Rotwild, aus: Die Hohe Jagd, Verlag Parey.

ORTEGA Y GASSET, J. (1957): Über die Jagd, Rowohlt Verlag.

RUSAM, H. (2004): Die Vogelfänger von Nürnberg, www.moegeldorf.de.

SÄLZLE, K. (1957): Kulturgeschichte der Jagd, Rowohlt Verlag.

SPRINGER, H. (1964): Jagdwaffen in Österreich, aus: Jagd in Österreich, Verlag Fürlinger.

WEITZ, W. (1998): Vortrag zur Jagdgeschichte des Hauses Hessen-Darmstadt, 27. 6. 1988.

WÖLFEL, H. (1999): Turbo-Reh und Öko-Hirsch, Stocker Verlag.

Björn Zedrosser

Jahrgang 1940.

Beruf: Förster, in Pension; lebt in Villach, Kärnten.

Seit Jahrzehnten als Jäger in kleinen Revieren unterwegs, daneben Bergsteigen und Fotografieren.

Naturschutz als wichtigste Nebensache.

Außerdem begeisterter Großvater und Hobbygärtner.

ZUM LACHEN

Haralds Klavinius' Jahresringe

Von Ha-Ha-Haralds Klavinius.
176 kapitale Seiten in Farbe.
Im großen Französisch-Format.
Um kleine 49.- Euro.

An ihm kommt keiner vorbei, der jagdlich auch nur ein bisschen nicht ernstgenommen werden will: Haralds Klavinius. In seinen „Jahresringen“ legt der weit blickende witzige Würzburger Weltmeister der kormoranschwarzen Karikatur seine allerletzten Abgründe offen.
Und eines lässt sich schon jetzt sagen: Wenn dieses Machwerk übelster menschlicher Unnatur nicht einen neuen Karikaturenstreit vom Zaun bricht, dann steht die Welt nicht mehr lang!

Fordern Sie auch unser Verlagsprospekt an!
Dort finden Sie nicht nur hochwertige Bücher zum Thema „Jagd“, sondern auch weitere Bösartigkeiten von Haralds Klavinius.

Wenn der Mensch den Tiger umbringen will, nennt man das Sport. Wenn der Tiger den Menschen umbringen will, nennt man das Bestialität.

George Bernard Shaw
(1856–1950)